FORSCHUNGSBERICHTE
des Landes Nordrhein-Westfalen

Herausgegeben
vom Minister für Wissenschaft und Forschung

Die „Forschungsberichte des Landes Nordrhein-Westfalen" sind in zwölf Fachgruppen gegliedert:

Geisteswissenschaften
Wirtschafts- und Sozialwissenschaften
Mathematik / Informatik
Physik / Chemie / Biologie
Medizin
Umwelt / Verkehr
Bau / Steine / Erden
Bergbau / Energie
Elektrotechnik / Optik
Maschinenbau / Verfahrenstechnik
Hüttenwesen / Werkstoffkunde
Textilforschung

SPRINGER FACHMEDIEN WIESBADEN GMBH

FORSCHUNGSBERICHT DES LANDES NORDRHEIN-WESTFALEN

Nr. 3019 / Fachgruppe Elektrotechnik/Optik

Herausgegeben vom Minister für Wissenschaft und Forschung

Dipl.-Phys. Detlef Leseberg
Prof. Dr.-Ing. Klaus Möller
Prof. Dr. rer. nat. Gerhard Pietsch

Institut für Allgemeine Elektrotechnik und Hochspannungstechnik
der Rhein.-Westf. Techn. Hochschule Aachen

Untersuchung des Plasmazustands von Schaltlichtbögen in strömendem SF_6 während der Unterbrechung von Kurzschlußströmen

Springer Fachmedien Wiesbaden GmbH

CIP-Kurztitelaufnahme der Deutschen Bibliothek

Leseberg, Detlef:
Untersuchung des Plasmazustands von Schaltlichtbögen in strömendem SF_6 [SF] während der Unterbrechung von Kurzschlussströmen / Detlef Leseberg ; Klaus Möller ; Gerhard Pietsch. - Opladen : Westdeutscher Verlag, 1981.

(Forschungsberichte des Landes Nordrhein-Westfalen ; Nr. 3019 : Fachgruppe Elektrotechnik/Optik)
ISBN 978-3-531-03019-7 ISBN 978-3-322-87667-6 (eBook)
DOI 10.1007/978-3-322-87667-6

NE: Möller, Klaus:; Pietsch, Gerhard:; Nordrhein-Westfalen: Forschungsberichte des Landes ...

Ursprünglich erschienen bei Westdeutscher Verlag GmbH, Opladen 1981
Gesamtherstellung: Westdeutscher Verlag

ISBN 978-3-531-03019-7

Inhalt

0 Einleitung

Das Inertgas Schwefelhexafluorid (SF_6) hat aufgrund seiner hervorragenden Isolier- und Löscheigenschaften zunehmend Eingang in die elektrische Energietechnik gefunden. Gekapselte SF_6-Schaltanlagen gehören z.B. zu den modernen Entwicklungen, die insbesondere bei der elektrischen Energieversorgung von Ballungsräumen Verwendung finden.

Die entscheidenden Sicherheitsorgane in Schaltanlagen sind Leistungsschalter, die dem Schutz des Netzes und der Verbraucher dienen.
Kritische Beanspruchungen dieser Geräte sind Ausschaltungen insbesondere bei Netzfehlern. Bei Ausschaltvorgängen führt bis zur Stromunterbrechung ein SF_6-Lichtbogen den Strom. -

Zur Analyse der Beanspruchungen von Schaltgeräten ist es erforderlich, den Lichtbogen zusammen mit dem Netz zu beschreiben. Die Problematik liegt dabei in der Beschreibung des Lichtbogens, der elektrisch betrachtet während des Schaltvorgangs einem veränderlichen Widerstand gleicht.

Eine Beschreibung des Lichtbogens kann entweder über die physikalischen Elementarprozesse im Plasma oder ausgehend von Zweipolmodellen über empirisch zu bestimmende Parameterfunktionen /1/ erfolgen. Sowohl im ersten als auch im zweiten Fall ist es für die Bestimmung der Abhängigkeiten der Parameterfunktionen erforderlich, den Plasmazustand des Schaltlichtbogens zu kennen.

Die vorliegende Arbeit hat die Untersuchung des Schaltlichtbogens im strömenden SF_6 bei Bedingungen nahe der Grenzausschaltleistung zum Ziel. Der Schwerpunkt liegt auf der experimentellen Bestimmung des Plasmazustandes durch spektroskopische Temperaturmessungen.

1 Versuchseinrichtung

Die Versuchsanlage besteht aus einer Lichtbogenapparatur, den Versorgungs- und Steuer- sowie Meßeinrichtungen.

1.1 Lichtbogenapparatur

Die Lichtbogenapparatur stellt einen Modellschalter dar (s. Bild 1).

Der zu untersuchende Schaltlichtbogen brennt zwischen zwei Stabelektroden in einer Düse. Beim Ausschaltversuch wird er in dieser Düse einer intensiven Kühlmittelströmung aus einem Hochdruckreservoir unterzogen. Die Abmessungen der verwendeten Lavaldüse (s. Bild 2) sowie der Elektrodenabstand sind mit denen kommerzieller Leistungsschalter vergleichbar.

Verwendung finden Düsen aus Plexiglas und aus Glas. Plexiglasdüsen sind durch spanende Bearbeitung und nachfolgendes Polieren mit guter Oberflächenqualität und hoher Maßtreue herstellbar. Nach wenigen Versuchen mit Hochstrombögen sind in der Düsenengstelle Schädigungen, vermutlich durch Strahlungseinwirkungen, zu beobachten, die die optische Qualität vermindern. - Die verwendeten Glasdüsen sind durch Blasen aus Duranrohr auf einer Glasdrehbank hergestellt worden. Bei dieser Herstellungsweise lassen sich Schlieren und geringfügige Unsymmetrien nicht vollständig vermeiden. Die Oberfläche wurde jedoch selbst nach hunderten Versuchen nicht angegriffen.

Die die Düse umgebende, mit Beobachtungsfenstern versehene Kapselung ist das Zwischenstück zwischen dem 40 l fassenden Hochdruckkessel (maximaler Druck 15 bar) und einem 300 l großen Auffangbehälter. Bei dieser Anordnung wird ein schnellöffnendes, eine große Öffnung freigebendes Ventil benötigt. Es besteht aus einer 12 cm Durchmesser großen Halbkugel. Während des Versuchs wird die mit einem Sperring gehaltene Ventilhalbkugel mit einem pneumatisch betätigten Schieber freigegeben und mit dem im Hochdruckbehälter gespeicherten Gas beschleunigt. Die Halbkugel trägt einen dünnen Metallstift, der durch die durchbohrten Stabelektroden bei der Beschleunigung gezogen wird und den Lichtbogen zündet.

Die Ventilhalbkugel gleitet reibungsarm geführt in ein Dämpfungsrohr, wo sie sich ein Gaspolster erzeugt, das sie bis zum Stillstand abbremst.

1.2 Stromquelle

Zur Nachbildung von Schalterbeanspruchungen nahe der Leistungsgrenze ist es insbesondere mit SF_6 als Löschgas ausreichend, den Strombereich um den unmittelbaren Nulldurchgang des Wechselstroms zu betrachten. Thermische Zeitkonstanten in SF_6-Schaltlichtbögen haben die Größenordnung von einer Mikrosekunde.

Demzufolge ist die Stromquelle - ein LC-Kettenleiter, bestehend aus 42 Kondensatoren (4,4 µF/15 kV) und 6 Luftspulen von etwa 1 mH - so dimensioniert, daß zunächst zur Erzielung stationärer Strömungsverhältnisse in der Düse ein Strom von etwa 2 kA für 3 bis 4 ms fließt. Der Stromnulldurchgang wird erzeugt, indem ein Schwingkreis, bestehend aus 24 Kondensatoren (4,4 µF/15 kV) und einer zwischen 0,3 und 5,1 mH veränderlichen Luftdrosselspule der Kettenleiterentladung mit umgekehrter Polarität überlagert wird (Bild 3). Dabei treten Stromsteilheiten zwischen 5 und 30 A/µs auf. Diese Steilheiten entsprechen effektiven Kurzschlußströmen zwischen 11 und 67 kA. - Die nach erfolgter Abschaltung auftretenden Spannungssteilheiten lassen sich zwischen 500 und 3000 V/µs einstellen.

1.3 Meßeinrichtungen und Versuchsablaufsteuerung

Die elektrischen Meßeinrichtungen umfassen die Strom- und Spannungsmessung. Während die Spannungsmessung mit einem kommerziellen Tastkopf problemlos erfolgt, gibt es die Schwierigkeit, schnellveränderliche Ströme im kA-Bereich vor dem Stromnulldurchgang und im mA-Bereich nach dem Stromnulldurchgang mit derselben Meßeinrichtung für kurze Zeiten genau zu messen (Bild 4). Hierzu ist ein koaxialer Shunt von 17 mΩ und einer Anstiegszeit von 2 ns entwickelt worden, bei dem zur Vermeidung von Übersteuerungen der Meßverstärker eine Begrenzerschaltung mit Feldeffekttransistoren verwendet wird /2/.

Die zeitliche Versuchsabfolge wird von einer digital arbeitenden Elektronikeinheit gesteuert. Das pneumatisch entwickelte Ventil durchläuft eine Lichtschranke und löst ein Zeitverzögerungsgerät mit mehreren getrennten Ausgängen aus. Als erstes, etwa 100 µs bevor der Zündstift auf dem Ventil die Elektrode auf der Hochdruckseite verlassen hat, wird der LC-Kettenleiter auf die Elektroden über eine schnelle Funkenstrecke geschaltet. Anschließend - nachdem die Strömung sich stabilisiert hat - wird der Schwingkreis gezündet. Die anderen Ausgänge dienen der Auslösung von weiteren Meßeinrichtungen . - Alle Ein- und Ausgänge sind mit Optokopplern vor elektrischen Störimpulsen geschützt.

1.4 Zustandsgrößen in der Löschdüse

Die Löschmittelströmung des Modellschalters wird durch eine Lavaldüse geprägt. Das vom Hochdruckreservoir einströmende SF_6 wird an der Düsenengstelle auf lokale Schallgeschwindigkeit beschleunigt und tritt mit Überschallgeschwindigkeit am Düsenende aus.

Werden Wandeffekte nicht berücksichtigt und eine Beeinträchtigung der Kaltgasströmung durch den Bogen vernachlässigt, gelten die folgenden Gleichungen einer isentropen Strömung:

$d(A \varrho v) = 0$ Kontinuitätsgleichung

$\mathrm{grad}\,\frac{v^2}{2} + \frac{1}{\varrho}\,\mathrm{grad}\,p = 0$ Bewegungsgleichung

$\frac{v^2}{2} + c_p\,T = \mathrm{const.}$ Energiegleichung

$p = \frac{R}{M}\,\varrho\,T$ ideale Gasgleichung

Hierbei bedeuten: A die Querschnittsfläche der Düse, ϱ die Dichte des Gases, v seine Geschwindigkeit in Achsrichtung z, p der absolute Druck, c_p die spezifische Wärmekapazität bei konstantem Druck, T die absolute Temperatur, R die allgemeine Gaskonstante, M das relative Molekulargewicht.

Die Nichtberücksichtigung des Bogeneinflusses auf die Kaltgasströmung ist insofern gerechtfertigt, als nicht mehr als 3 % der Querschnittsfläche vom Bogen eingenommen werden.

Im Auslauf der Düse ist bei den verwendeten Druckverhältnissen eine Stoßfrontbildung zu erwarten, die auch mit Hilfe eines hier nicht beschriebenen Meßaufbaus beobachtet wird.
Sie liegt außerhalb der Entladungsstrecke und ist somit ohne Rückwirkung auf das Bogenverhalten.

Bild 5 gibt die mit obigem Gleichungssystem berechneten thermodynamischen Zustandsgrößen der unbeeinflußten Kaltgasströmung zusammen mit der Düsenkontur wieder.

2 Hochgeschwindigkeitskamera- und Schmieraufnahmen

Zur Untersuchung des zeitlichen Verhaltens des Lichtbogens während des Ausschaltvorganges und zur Abschätzung seines Durchmessers sind sowohl Hochgeschwindigkeits-Filmaufnahmen als auch Schmieraufnahmen angefertigt worden.

Bild 6 vermittelt einen Eindruck vom Verhalten des Lichtbogens in der stationären Hochstromphase. Die Aufnahmen haben einen zeitlichen Abstand von 120 µs, die Belichtungsdauer der Einzelaufnahme beträgt 1,2 µs. - Die riefenartigen Erscheinungen in der Nähe der hochdruckseitigen Elektrode rühren von Schädigungen der Oberfläche der hier verwendeten Plexiglasdüse her.

Der Lichtbogen führt einerseits unkontrollierbare, nicht reproduzierbare Bewegungen aus, andererseits scheint diesen Bewegungen eine Rotation um die Elektrode an der Niederdruckseite überlagert zu sein.

Diese Aussage wird durch Schmieraufnahmen vom Querschnitt des Lichtbogens, insbesondere nahe der niederdruckseitigen Elektrode, bestätigt (Bild 7). Der Schaltlichtbogen rotiert bei einem SF_6-Druckverhältnis des Hochdruck- zum Niederdruckbehälter von 8 bar zu 1 bar mit etwa 6,5 kHz.

Interessant ist dabei der Vergleich der Schmieraufnahmen von verschiedenen Orten längs der Düsenachse. - Während in der Nähe der hochdruckseitigen Elektrode die Säule homogen leuchtet, scheint sie zur Gegenelektrode immer intensiver durch einen hochfrequenten Vorgang mit Frequenzen in der Größenordnung MHz gestört zu werden, die der Rotation überlagert ist.

Diese Erscheinung kann man als Turbulenzen interpretieren, die durch Scherkräfte zwischen der langsamen Kaltgasmantelströmung und der schnellen Lichtbogenkernströmung angefacht werden /3/.

3 Temperaturmeßverfahren

3.1 Zwei-Linien-Verfahren

Zur Temperaturbestimmung des leuchtenden Kanals der Schaltlichtbogensäule bietet sich die optische Spektroskopie und hier besonders das sog. "Zwei-Linien-Verfahren" an, bei dem man mit einem Vergleich der relativen Linienintensitäten auskommt.

Für die Gesamtintensität einer Spektrallinie I_L, die von einem spontan strahlenden Übergang zwischen zwei angeregten Zuständen eines Atoms oder eines Ions herrührt, gilt, wenn homogene optisch dünne Plasmen vorliegen, für den Raumwinkel eins /4/:

$$I_L = \frac{1}{4\pi} A_{nm} N_o \frac{g_m}{Z(T)} \exp(-W_m/kT)\; h\nu s,$$

wobei A_{nm} die Emissions-Übergangswahrscheinlichkeit vom Zustand m in den Zustand n, N_o die Anzahl der Teilchen pro Volumeneinheit, Z(T) die Zustandssumme des Teilchens, W_m die Anregungsenergie des m-ten Zustands, k die Boltzmann-Konstante, T die absolute Temperatur, h das Plancksche Wirkungsquantum, ν die Frequenz der emittierten Strahlung sowie s die strahlende Schichtlänge sind.

Damit erhält man für das Intensitätsverhältnis zweier Linien derselben Ionisationsstufe:

$$\frac{I_1}{I_2} = \frac{A_1}{A_2}\frac{g_1}{g_2}\frac{\nu_1}{\nu_2} \exp\left[-(W_1-W_2)/kT\right].$$

Wird diese Gleichung zur Temperaturbestimmung verwendet, kann auf eine Absolutmessung der Intensität verzichtet werden. Die Kenntnis der Plasmazusammensetzung und dessen Schichtlänge brauchen ebenfalls nicht bekannt zu sein. Notwendig sind neben dem Intensitätsverhältnis die Kenntnis von einigen atomaren Konstanten und diese - das gilt für die Übergangswahrscheinlichkeiten - auch nur relativ zueinander.

3.2 Linienauswahl

Für die Genauigkeit der Temperaturmessung nach diesem Verfahren ist es günstig, wenn

1. der Energieabstand W_1-W_2 der oberen Zustände beider Übergänge möglichst groß ist,

2. der Frequenz- bzw. Wellenlängenabstand beider Linien wegen der spektralen Empfindlichkeit des Detektors klein ist,

3. die atomaren Konstanten, insbesondere die Übergangswahrscheinlichkeiten, möglichst genau bekannt sind und schließlich

4. die Linienintensitäten für die Detektion ausreichend groß und überdies möglichst empfindlich von der Temperatur abhängen.

Zur Überprüfung des letzten Punktes sind für einige identifizierte Linien deren Emissionskoeffizienten berechnet und über der Temperatur aufgetragen (Bild 8). Danach eignen sich von den dargestellten besonders die Linien SII 545,4 nm und SII 532,1 nm (Linien des Schwefelions) für einen weiten Temperaturbereich.

Diese Linien liegen auch im Hinblick auf die anderen Punkte günstig. Ihr Energieabstand bezüglich der oberen Niveaus beträgt ΔW = 1,45 eV, ihr Wellenlängenabstand nur 13 nm, und ihre atomaren Daten sind verhältnismäßig genau bekannt:

Wellenlänge	λ (nm)	532,070	545,381
Übergangswahrscheinlichkeit /5/	A_m (10^8/s)	0,84	0,78
oberes Energieniveau	W_m (eV)	17,40	15,94
statistisches Gewicht	g_m	8	8

4 Meßapparatur für spektroskopische Temperaturmessungen

4.1 Detektorauswahl

Bei der optischen Spektroskopie wird das Leuchten des Lichtbogenquerschnitts von der Seite ("side-on") von einem Spektralapparat aufgenommen und zerlegt. Um eine Ortsauflösung der Temperatur innerhalb des Lichtbogenquerschnitts zu erhalten, muß das zerlegte Licht insbesondere bei Verwendung von Linienstrahlung in der Fokalebene zweidimensional registriert werden, in der Zerlegungsrichtung und senkrecht dazu. - Darüber hinaus sollten die Registrierzeiten wegen der beobachteten Lichtbogenbewegungen und der erforderlichen Zeitauflösung im Stromnulldurchgang im Mikrosekundenbereich liegen.

Diese Meßaufgaben können von photoelektrischen oder photographischen Aufnahmetechniken geleistet werden.

Die photoelektrische Registrierung kann z.B. mit Photomultipliern erfolgen. Empfindlichkeit und zeitliche Auflösungen, etwa bei Verwendung von Oszillographen, sind dann hoch. Für die zweidimensionale Ortsauflösung werden jedoch eine Vielzahl von Multipliern und Oszillographen benötigt. - Die Verwendung selbstabtastender Photodiodenarrays bzw. von digitalen Bildröhrenspeichersystemen als Strahlungsdetektoren scheidet im wesentlichen wegen der bislang geringen Geschwindigkeiten der Signalintegratoren und Analog-Digitalwandler bzw. wegen der unbefriedigenden Möglichkeiten der zweidimensionalen zeitaufgelösten Registrierung heute noch aus /6/.

Daher wird hier die photographische, zeitaufgelöste Detektion bevorzugt, mit der bei einmaligen Vorgängen ein kontinuierliches, ortsaufgelöstes Spektralband erfaßt werden kann.

Für eine solche Betriebsweise ist ein Spektrographenverschluß notwendig, der

1. ausreichend schnell ist,

2. einen ausreichenden Schließfaktor besitzt und

3. einfach zu handhaben ist.

Ein derartiger Verschluß ist auf dem Markt nicht erhältlich und daher entwickelt worden.

4.2 Kurzzeitverschluß

Mit dem Spektrographen müssen Aufnahmen vom Leuchten des Plasmas in stromschwachen Phasen möglich sein, wenn zuvor ein hoher Strom verbunden mit großer Leuchtdichte geflossen ist. Aus diesem Grund sind elektro-optische Verschlüsse wie z.B. Kerrzellen und Pockelszellen nicht verwendbar.

Die kleinste Verschlußzeit muß etwa 10 µs betragen. Diese Zeitdauer stellt in etwa die Grenze für eine annehmbare Schwärzung dar für Leuchtdichten, wie sie im Schaltlichtbogen auftreten, für empfindliches photographisches Material und für eine spektrale Auflösung mit vertretbaren Spaltbreiten. Auf der anderen Seite bedeuten 10 µs gegenüber 10000 µs einer 50 Hz -Halbschwingung eine vertretbare Zeitauflösung. - Mechanische Verschlüsse sind nicht in der Lage, derart kurze Belichtungszeiten zu ermöglichen.

Weitere Anforderungen an den Verschluß sind: Eine Folgebetätigung muß ohne Umbauten und Veränderung möglich sein. Der Verschluß muß kompakt und in den Abmessungen klein sein. Die erforderliche Präzision ist zudem nur erreichbar, wenn die Verzögerungszeiten selbst klein sind.

Es wurde ein Verschluß entwickelt, der auf dem elektrodynamischen Prinzip beruht.

Der Verschluß nutzt elektrische Abstoßungskräfte aus: Über eine niederinduktive Spule wird mit Hilfe eines Thyristors eine Kondensatorbatterie entladen. Unmittelbar vor dieser Stoßspule befindet sich ein Metallring, in dem aufgrund des magnetischen Flusses ein hoher Kurzschlußstrom induziert wird. Die entgegengerichteten Ströme in Spule und Kurzschlußring bewirken über ihre Felder eine Beschleunigung des Ringes, wenn die Spule fest verankert ist. Der Kurzschlußring wiederum beschleunigt eine Schlitzscheibe, die mit hoher Geschwindigkeit über den Spektrographenspalt geführt wird /7/.

Um hohe Verschlußgeschwindigkeiten erreichen zu können, muß die Masse der Scheibe klein sein. Das bedeutet, daß die Scheibe nicht zu lang sein darf. Kurze Abstände zwischen Schlitz und Scheibenende bedeuten, daß die Scheibe auf einer kurzen Strecke wieder abgebremst werden muß, damit der Spektrographenspalt nicht erneut freigegeben wird. Die Abbremsung darf nicht zu einer mechanischen Verformung der Scheibe führen. - Hier ist ein Bremsprinzip verwendet worden, bei dem der Impuls der Scheibe teilweise von einer Rolle als Drehimpuls übernommen wird. Zusätzlich preßt die Rolle, deren Radius sich auf dem Umfang stetig vergrößert, die Verschlußscheibe auf die Unterlage und bremst sie damit schnell und schonend ab (Bild 9).

Die erreichbare Verschlußgeschwindigkeit ist um so höher, je kleiner die Masse der Verschlußscheibe ist. Deshalb wurde die Scheibe teilweise ausgefräst, und die Zwischenräume wurden durch Überkleben mit dünner Aluminiumfolie lichtundurchlässig gemacht.

Die Schlitzscheibengeschwindigkeit beträgt bis zu 20 m/s, das entspricht einer effektiven Öffnungszeit von 10 µs bei einer Spektrographenspaltbreite von 20 µm und einer Breite des beweglichen Spalts von 0,2 mm.

4.3 Spektrograph und Abbildung

Für die Messungen steht ein hochauflösender, lichtstarker Gitterspektrograph in Czerny-Turner-Aufstellung zur Verfügung, der nicht frei von Astigmatismus ist (Fa. Minuteman, Öffnungsverhältnis 1:8,7, Plangitter 1200 Striche/mm). Zur Korrektur des Astigmatismus wird eine geeignete Zylinderlinse in den Strahlengang vor dem Eintrittspalt des Spektrographen angeordnet (s. Bild 10).

Den Ausschnitt eines Übersichtsspektrums des SF_6-Schaltlichtbogens bei 2 kA gibt Bild 11 wieder. Neben Schwefel- und Fluoratom- bzw. Ionenlinien treten insbesondere im nicht dargestellten Bereich um 400 nm eine Vielzahl von Linien aus dem Elektrodenmaterial auf, die eine Temperaturauswertung in diesem Bereich nicht zulassen.

5 Auswertung und Ergebnisse

5.1 Aufbereitung der Meßwerte

Die Spektrogramme vom Eigenleuchten des Schaltlichtbogens werden zusammen mit Aufnahmen eines vermessenen Stufenfilters auf hochempfindlichem Film registriert und unter gleichen Bedingungen entwickelt. Die Stufenfilteraufnahme dient der Ermittlung des Zusammenhangs Filmschwärzung - Strahlungsintensität, der Schwärzungskurve. - Das Stufenfilter wird mit dem Schaltlichtbogen als Lichtquelle durch eine geeignete Abbildung gleichmäßig ausgeleuchtet. Zur Vermeidung des Schwarzschildeffekts werden gleiche Belichtungszeiten gewählt.

Die "side-on" aufgenommenen Schwärzungswerte sind mittels der Schwärzungskurve in Intensitätswerte umzuformen und anschließend zur Erzielung von Temperaturverteilungen längs des Bogenquerschnitts mit Hilfe der Abelschen Integralgleichung in radiale Werte umzurechnen.

Diese Umformungen und Berechnungen werden mit Hilfe einer elektronischen Rechenmaschine durchgeführt. Dazu werden die Anzeigen eines Spektrallinien-Photometers, mit dem die Filme vermessen werden, digital ausgegeben und auf Lochstreifen gespeichert.

Benutzt man die umgerechneten Meßwerte als Eingabewerte einer zur numerischen Bearbeitung aufbereiteten Lösung der Abelschen Integralgleichung, so können außerordentlich große Fehler im Ergebnis entstehen /8/. Daher wurden die Intensitätskurven einer Fourierzerlegung in den geraden Termen nach der Methode der kleinsten Fehlerquadrate unterzogen. Bedingt durch begrenzte numerische Genauigkeit konnten kleine Korrekturen der Koeffizienten die Standardabweichung noch verringern. Durch Abbruch der Fourierreihe nach 3 - 7 Summanden wurden verschiedene Ausgleichskurven gewonnen, für die jeweils die Abelsche Integralgleichung zu lösen war. Eine Entscheidung über die geeignete Länge der Reihe ist schwierig. Die Standardabweichung liefert kein Unterscheidungskriterium bei nur wenigen Summanden; sie ist annähernd konstant. Übersteigt jedoch bereits die dreifache Zahl der Summanden die Zahl der Meßwerte, so treten meist Schwingungen in der "geglätteten" Kurve auf, so daß eine solche Glättung unbrauchbar ist /8/ (Bild 12).

5.2 Radialer Temperaturverlauf

Radiale Temperaturverläufe des Schaltlichtbogens sind bei verschiedenen Strömen und an verschiedenen Orten gemessen worden.

Bild 13 zeigt den radialen Temperaturverlauf in der Düsenengstelle (Z = 49 mm) bei verschiedenen Gleichströmen. Das Druckverhältnis zwischen Hochdruckkessel und Niederdruckkessel betrug bei diesen Messungen 9 zu 1 bar, der Absolutwert an dieser Stelle 4,8 bar. - Eine deutlich wahrnehmbare Abnahme der Temperatur und des Bogenradius mit dem Geringerwerden des Stromes ist zu beobachten.

Bild 14 gibt die radialen Temperaturverläufe bei vergleichbaren Strömen an verschiedenen Meßorten wieder. Während eine Kurve den Temperaturverlauf in der Düsenengstelle wiedergibt, beschreibt die andere den Temperaturverlauf nahe der Elektrode an der Einströmseite. Der lokale Druck an der Einströmseite beträgt 7,5 bar, in der Düsenengstelle 4,8 bar. - In der Düsenengstelle ist die Lichtbogentemperatur deutlich höher. Das deutet auf einen verstärkten Energieumsatz in diesem Bereich hin.

Mit dem elektromechanischen Kurzzeitverschluß sind auch Aufnahmen bei veränderlichem Strom, also in der Stromrampe möglich. Bild 15 gibt eine Serie solcher Messungen bei einer Stromsteilheit von 16 A/µs im Gebiet der Überschallströmung etwa 10 mm von der niederdruckseitigen Elektrode entfernt wieder. Der Absolutdruck beträgt hier 2,3 bar. Mit Ausnahme der Kurve für 1,8 kA, die quasistationäre Verhältnisse wiedergibt, sind jeweils die Mittelwerte des Stroms im Belichtungszeitraum angegeben. Die Belichtungszeit beträgt hier ca. 40 µs. Da sich während dieser Zeit der Strom und damit der Bogenzustand ändert und die Auswertung diese Änderung nicht berücksichtigt, haben diese Kurven nur orientierenden Charakter.

5.3 Fehlerbetrachtung

Der Temperaturbestimmung nach dem Zwei-Linien-Verfahren ist eine Glättung der gemessenen side-on-Intensitätswerte I durch Fourieranalyse vorangestellt worden. Anschließend wurden die Linienemissionskoeffizienten als Funktion des Radius durch Lösen der Abelschen Integralgleichung berechnet. Damit ergibt sich die Bestimmungsgleichung für die Temperatur zu:

$$T = \frac{1}{k} \cdot \frac{W_1 - W_2}{\ln\left(\frac{\varepsilon_2 \, A_1 \, g_1 \, \nu_1}{\varepsilon_1 \, A_2 \, g_2 \, \nu_2}\right)}$$

Der Einfluß der statistischen Fehler der gemessenen side-on-Intensitäten ist in /8/ untersucht worden. Die dort veröffentlichten Ergebnisse sollen hier zu einer Fehlerabschätzung der entabelten Linienemissionskoeffizienten verwendet werden. Die Fehler in der letztgenannten Größe hängen stark vom Profiltyp der gemessenen Intensitäten (siehe /8/), von der Standardabweichung der Meßwerte gegenüber der geglätteten Kurve und von der Anzahl der Meßwerte auf einer Kurve ab. Bei hier vorliegenden Standardabweichungen zwischen 6 und 10 % bei etwa 20 Meßwerten erhält man einen Maximalfehler für den Linienemissionskoeffizienten in der Bogenachse von 7 - 12 %.

Nach obiger Gleichung gilt für den relativen mittleren Fehler in der Bogenachse:

$$\frac{\Delta T}{T} = \frac{kT}{W_1 - W_2} \cdot \left(\frac{\Delta\varepsilon 1}{\varepsilon_1}\right)^2 + \left(\frac{\Delta\varepsilon 2}{\varepsilon_2}\right)^2 + \left(\frac{\Delta(A_1/A_2)}{A_1/A_2}\right)^2$$

bzw. für das ausgewählte Linienpaar mit einem Fehler von 25 % für das Verhältnis der Übergangswahrscheinlichkeiten

$$\frac{\Delta T}{T} = \left(\frac{T}{16867\,K}\right) \cdot \sqrt{(0{,}1^2 + 0{,}1^2 + 0{,}25^2)}$$

$$= \left(\frac{T}{16867\,K}\right) \cdot 0{,}28\,,$$

so daß man bei ca. 17 000 K Achsentemperatur mit einem Fehler von etwa 28 % zu rechnen hat. Diese Abschätzung gilt aber nur für das Zentrum des Bogens, der von Fehlereinflüssen bei Lösung der Abelschen Integralgleichung am stärksten betroffen ist. Die Genauigkeit der Messung außerhalb der Achse ist sehr viel größer.

5.4 Folgerungen

Die vorliegenden Ergebnisse dienen dem Verständnis des Ausschaltvorganges in SF_6-Schaltern. - Beispielsweise kann über eine Integration der temperaturabhängigen elektrischen Leitfähigkeit über den Bogenradius auf die lokale elektrische Feldstärke geschlossen werden. Der Vergleich der so ermittelten Feldstärke mit der mittleren Feldstärke, die aus Bogenbrennspannung und Elektrodenabstand berechnet wird, ergibt bei Strömen von mehr als 1000 Ampère erhebliche Abweichungen. Die lokale Feldstärke übersteigt die mittlere im Bereich der Düsenengstelle um etwa 50 %, wobei bei der Leitfähigkeits-Integration die nicht gemessenen Temperaturverläufe unterhalb 10 000 K linear extrapoliert werden. Daraus kann auf einen zusätzlichen Beitrag zur elektrischen Leitfähigkeit in den Bogenzonen, die der spektroskopischen Messung nicht zugänglich sind, geschlossen werden.

Dieser Effekt wird auf das Wirksamwerden von Turbulenzen in diesen Zonen zurückgeführt, die mit der schnellen Strömung der heißen Gase bereits im Düsenengstellenbereich anschwellen und den leitfähigen Bogenquerschnitt aufweiten. - Das Wirksamwerden von Turbulenzen bzw. von schnellen Lichtbogenbewegungen ist auch bei der Auswertung einer Vielzahl von Experimenten am selben Ort auf der Achse und bei festem Stromwert ablesbar. Über die meßtechnisch bedingten Schwankungen der Lichtbogenbreite hinaus ergeben sich unterschiedliche radiale Temperaturverläufe, die durch zeitliche Schwankungen des Plasmazustands gedeutet werden können.

Die gemessenen Temperaturprofile sind weiterhin Grundlage für Berechnungen des Ausschaltvorgangs auf der Basis von Elementarprozessen im Plasma. Alle für die Energieabfuhr wichtigen Mechanismen sind stark von der Temperatur (z. B. Strahlungstransport) bzw. vom Temperaturgradienten (z. B. Wärmeleitung) abhängig. Der quantitative Vergleich von berechneten mit elektrisch gemessenen Energieverlusten ermöglicht Aussagen über die Bedeutung der Energietransportmechanismen auf den Ausschaltvorgang. Damit ist eine Grundlage geschaffen, das Schaltvermögen von SF_6-Leistungsschaltern zu verbessern.

6 Zusammenfassung

Zur Untersuchung des Plasmazustandes SF_6-beströmter Schaltlichtbögen ist eine Lichtbogenapparatur aufgebaut worden, die die optische Betrachtung von Ausschaltvorgängen nahe der Leistungsgrenze in der Löschdüse gestattet.

Mit Hilfe bekannter Gesetze der Gas- und Thermodynamik sind zunächst die Zustandsgrößen innerhalb der Düse ohne Lichtbogeneinwirkung berechnet worden.

Hochgeschwindigkeits- und Schmieraufnahmen vom Lichtbogen in der Düse zeigen, daß der Lichtbogen bei den vorliegenden experimentellen Gegebenheiten mit Frequenzen von mehreren kHz um die niederdruckseitige Elektrode rotiert. Dieser Bewegung sind Turbulenzen insbesondere am Düsenausgang weit höherer Frequenz überlagert.

Die Bestimmung der Temperatur des leuchtenden Bogenkerns geschieht mittels optischer Spektroskopie. - Die Detektorauswahl, die optische Abbildung sowie ein elektrodynamischer Kurzzeitverschluß werden beschrieben.

Mit Hilfe des Zweilinienverfahrens werden radiale Temperaturverläufe an verschiedenen axialen Positionen in der Düse ermittelt. Besondere Sorgfalt wird dabei auf die Aufbereitung der Meßwerte gelegt.

Die Meßwerte stellen eine Grundlage für Untersuchungen zur Optimierung des Ausschaltvermögens von SF_6-Leistungsschaltern dar.

Literatur

/1/ G. Pietsch, H. Rijanto, H. G. Thiel:
Schaltlichtbogen im elektrischen Netz
ETZ-A, Bd. 96 (1975), S. 222-226

/2/ R. Schmidt:
Dynamikkompression rampenförmiger Meßsignale
ETZ, Bd. 101, Heft 10 (1980), S. 580-582

/3/ L. Niemeyer, K. Ragaller:
Development of Turbulence by the Interaction of Gas Flow with Plasmas
Z. Naturf., Bd. 28a (1973), S. 1281-1289

/4/ W. Lochte-Holtgreven, Ed.:
Plasma Diagnostics
Amsterdam 1968

/5/ W. L. Wiese, M. W. Smith, B. N. Miles:
Atomic Transition Probabilities, Vol. II.
NBS Nr. 22 (1969)

E. Schulz-Gulde:
Transition Probabilities for Sulphur Lines from Wall-Stabilized Arc Measurements
Z. Physik, Bd. 245 (1971), S. 308-323

/6/ B. Huhn:
Untersuchungen an einem selbstabtastenden Photodioden-Array als Detektor für optische Strahlung in der Plasmadiagnostik
Diplomarbeit Universität Kiel (1977)

/7/ F. Lutz, G. Pietsch: z. Veröffentl.

/8/ M. Kock, J. Richter:
Der Einfluß statistischer Meßfehler auf die Lösung einer Abelschen Integralgleichung
Annalen der Physik, Bd. 24 (1969), S. 30-37

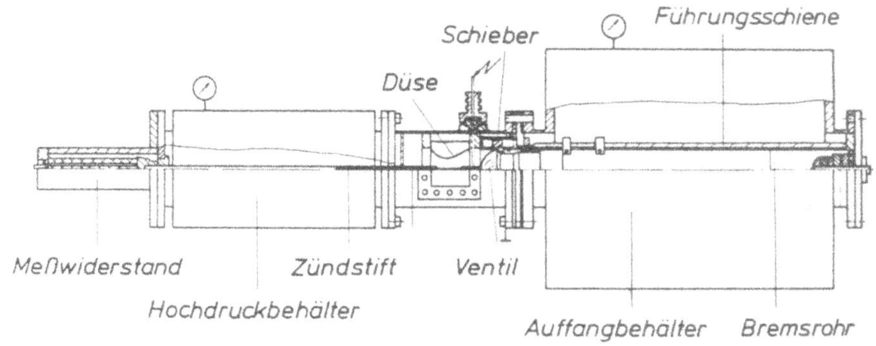

Bild 1 Skizze des SF_6-Versuchsgefäßes

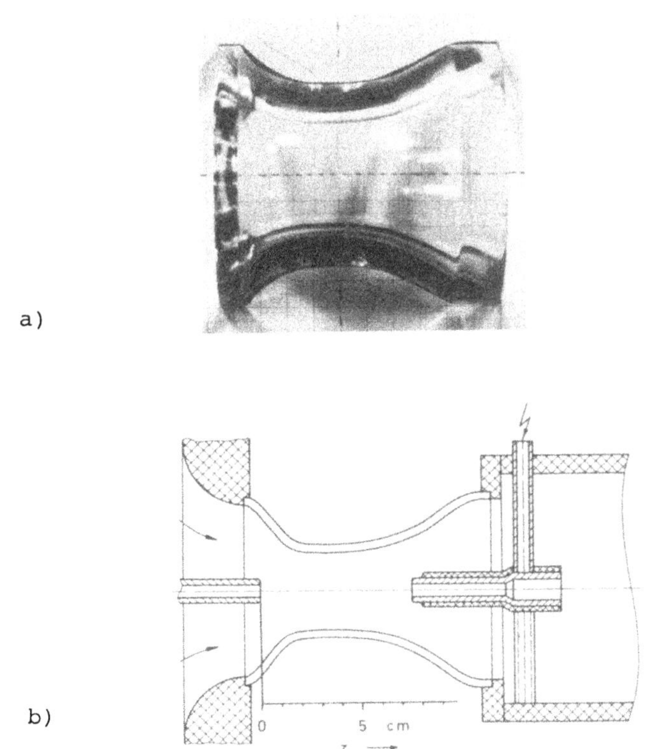

Bild 2 Löschdüse der Lichtbogenapparatur

a) Photo einer Plexiglasdüse
b) Schnittzeichnung

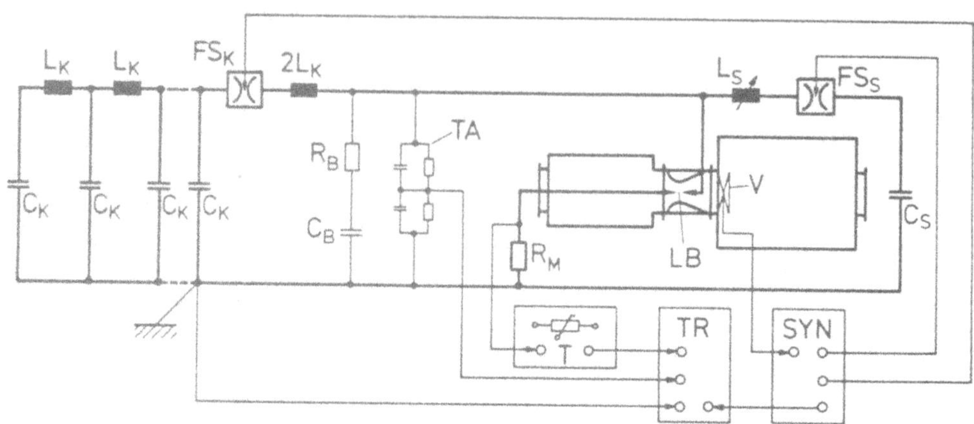

Bild 3 Schaltplan

L_K= 1 mH, C_K = 25 µF, L_s = 0,3 - 5,1 mH, C_S = 123 µF, R_M = 18 mΩ

TA: Spannungsteiler, FS: Funkenstrecke, R_B: Belastungswiderstand, C_B: Belastungskapazität, T: Teiler, TR: Transientenrekorder, SYN: Synchronisationseinrichtung, LB: Lichtbogen, V: schnellöffnendes Ventil.

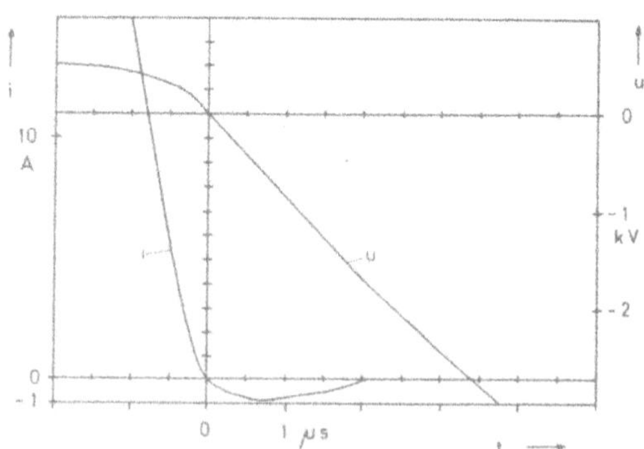

Bild 4 Strom- und Spannungsoszillogramm einer gelungenen Abschaltung nahe der Grenzausschaltleistung

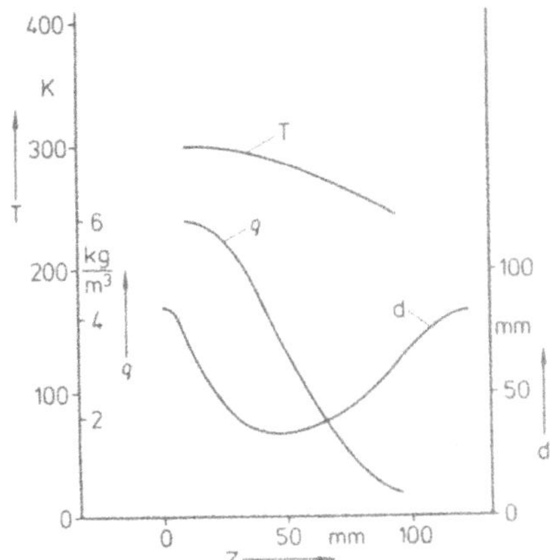

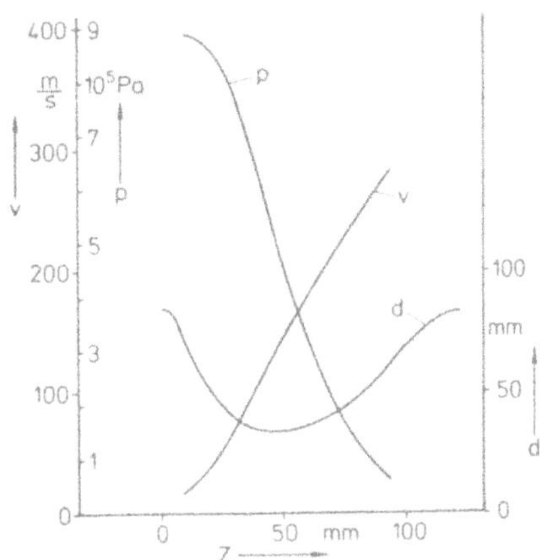

Bild 5 Berechnete thermodynamische Zustandsgrößen der Löschgasströmung in der Lavaldüse.
Es bedeuten: z die Koordinate parallel zur Düsenlängsachse, d der Innendurchmesser der Düse, p der absolute Druck, v die Geschwindigkeit in Achsrichtung z, T die absolute Temperatur und ϱ die Dichte.

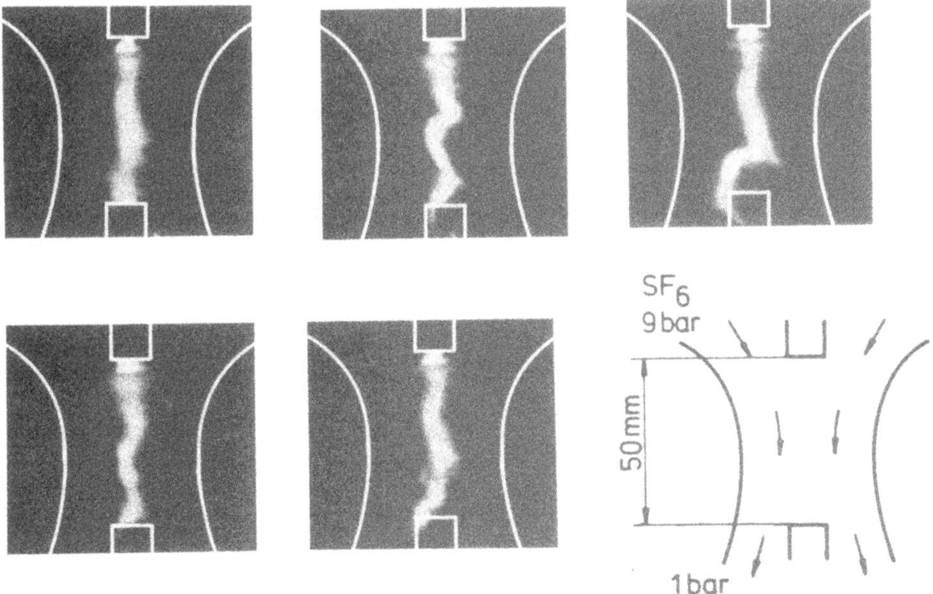

Bild 6 Hochgeschwindigkeitsfilmaufnahmen des Lichtbogens bei 1,8 kA
Der zeitliche Abstand der Belichtungen beträgt 120 µs, die Belichtungsdauer 1,2 µs.

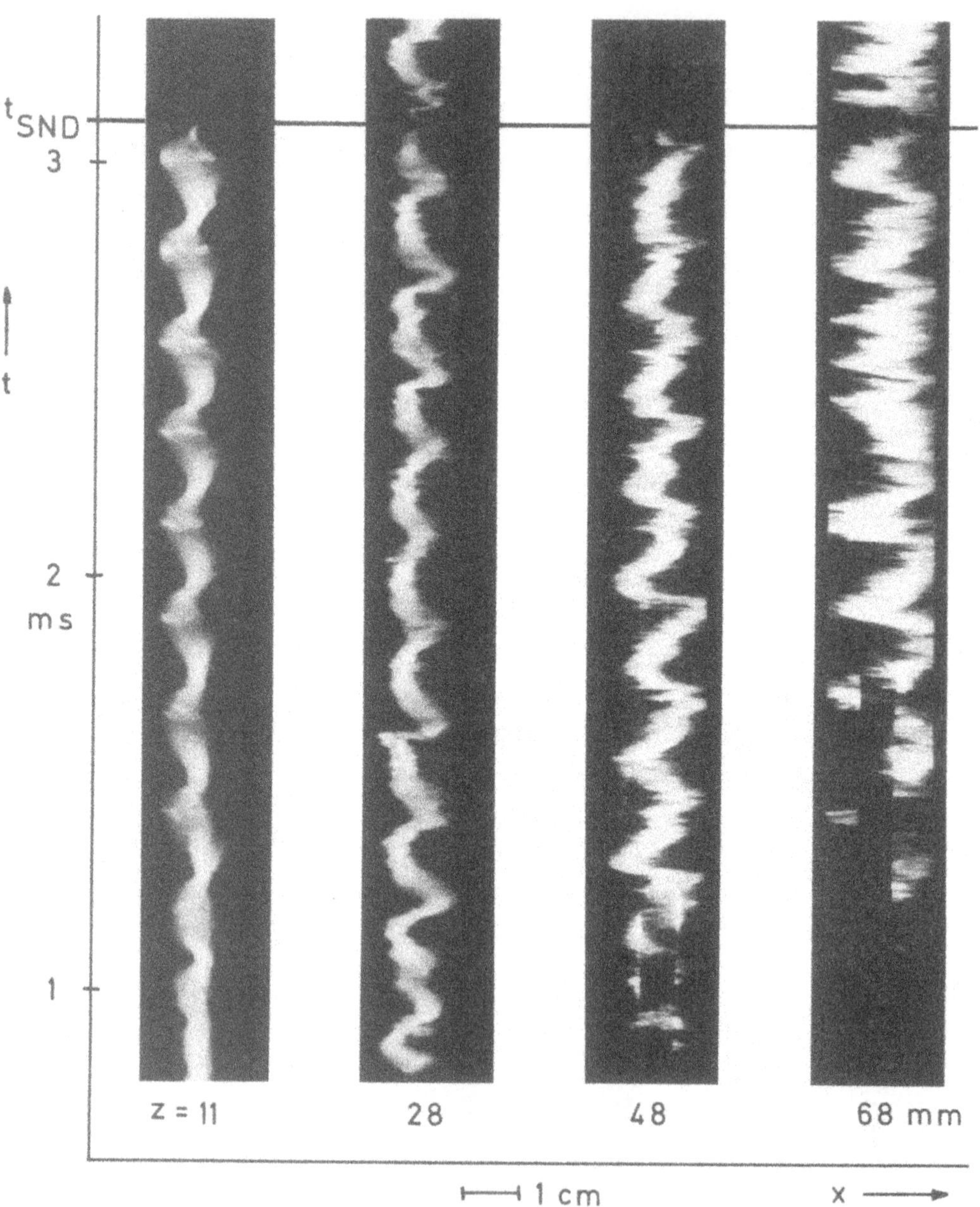

Bild 7 Schmieraufnahmen des Schaltlichtbogens
t_{SND} markiert den Zeitpunkt des Stromnulldurchgangs,
Z gibt den Abstand des Meßortes von der hochdruckseitigen Elektrode an.

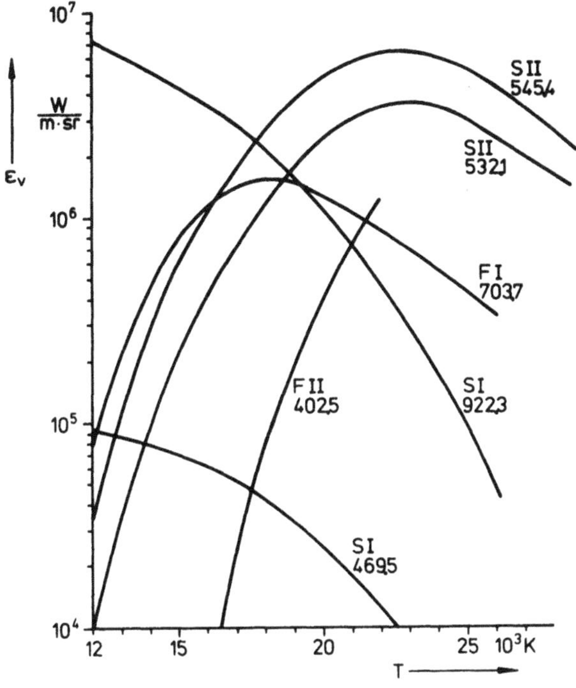

Bild 8 Linienemissionskoeffizienten ε_ν einiger ausgewählter Linien des SF_6-Plasmas bei 1 bar

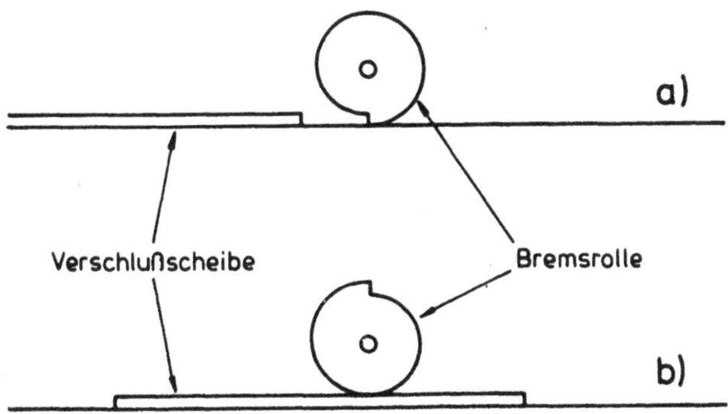

Bild 9 Bremsprinzip des Kurzzeitverschlusses; a) vor, b) nach der Bremsung

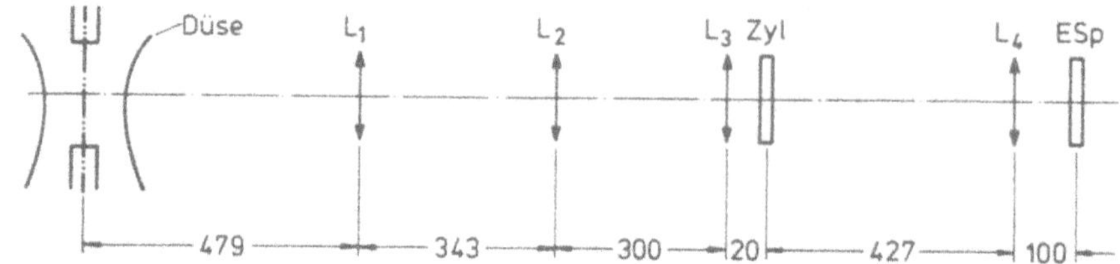

Bild 10 Skizze des optischen Aufbaus (Längenangaben in mm)
Brennweiten:

L_1 - 200 mm; L_2 - 160 mm; L_3 - 200 mm, L_4 - 300 mm; Zyl - 5000 mm

E_{Sp} Spektrographen-Eintrittsspalt

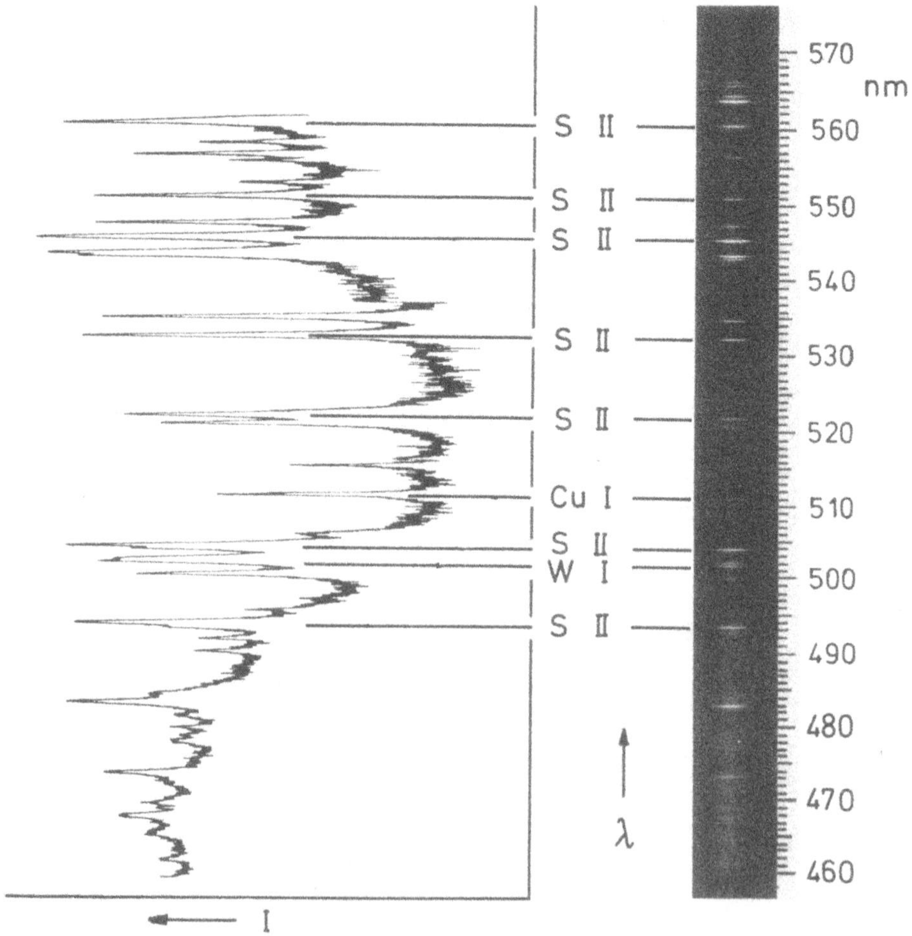

Bild 11 Ausschnitt des Spektrums eines SF_6-Lichtbogens mit zugehöriger Photometerkurve (Lichtbogenstrom 1,8 kA, Druck 5 bar)

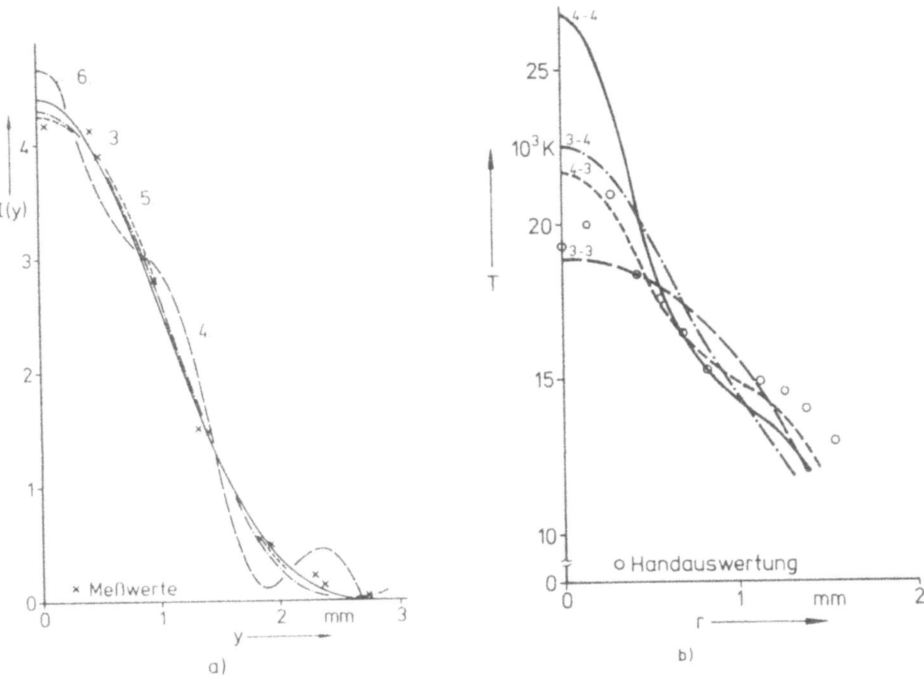

Bild 12 Beispiel einer Fourieranalyse der Meßwerte und zugehörige Temperaturverläufe

a) Glättungskurven der Meßwerte einer Linie durch Fourierreihen unterschiedlicher Summandenzahl

b) Temperaturverläufe nach Lösung der Abelschen Integralgleichung nach dem Zwei-Linien-Verfahren. Der Doppelindex gibt die Summendenzahl der Glättungskurven beider Linien an.

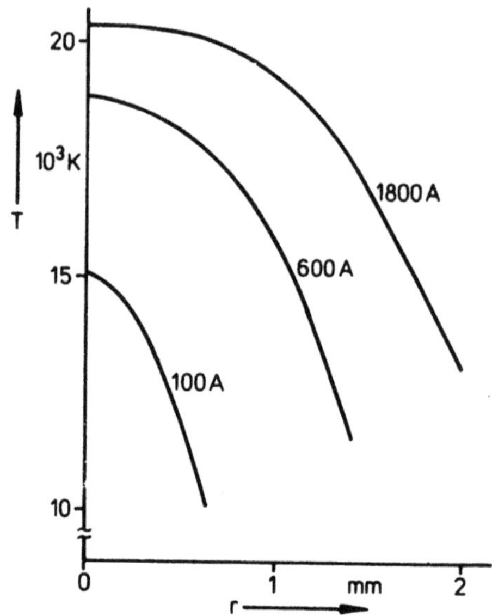

Bild 13 Radiale Temperaturverläufe des SF_6-Bogens unter quasistationären Bedingungen bei 4,8 bar

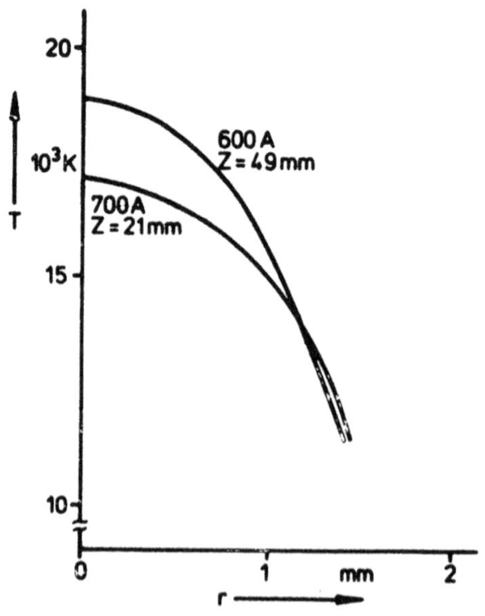

Bild 14 Radiale Temperaturverläufe unter quasistationären Bedingungen an der Düsenengstelle (Z = 49 mm) und nahe der Einströmseite (Z = 21 mm)

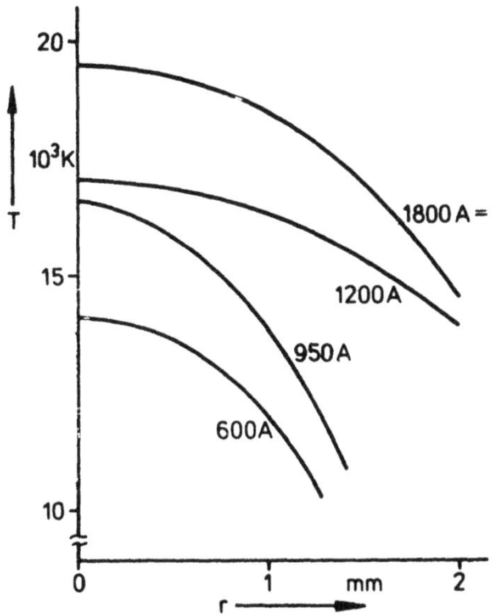

Bild 15 Temperaturverläufe des SF_6-Schaltlichtbogens in der Stromrampe (Näherung)

GPSR Compliance
The European Union's (EU) General Product Safety Regulation (GPSR) is a set of rules that requires consumer products to be safe and our obligations to ensure this.

If you have any concerns about our products, you can contact us on

ProductSafety@springernature.com

In case Publisher is established outside the EU, the EU authorized representative is:

Springer Nature Customer Service Center GmbH
Europaplatz 3
69115 Heidelberg, Germany

www.ingramcontent.com/pod-product-compliance
Ingram Content Group UK Ltd.
Pitfield, Milton Keynes, MK11 3LW, UK
UKHW061700190726
13853UKWH00008B/2323

* 9 7 8 3 5 3 1 0 3 0 1 9 7 *